Ratgeber Welpen
von
Petra Quante

Ratgeber Welpen
von
Petra Quante

NEUMANN NEUDAMM

© 2007 Verlag J. Neumann-Neudamm AG
Schwalbenweg 1, 34212 Melsungen
Tel. 05661.9262-26, Fax 05661.9262-19
www.neumann-neudamm.de, info@neumann-neudamm.de
Printed in the European Community

Satz/Layout: J. Neuman-Neudamm AG
Titelbildgestaltung: Verlag J.Neumann-Neudamm AG
Titelbild: Dr. Bernd Stemmer.
Druck und Weiterverarbeitung: Himmer AG, Augsburg
Bildnachweis: Birgitt Wunstorf S. 5, 44, 51, Verlagsarchiv: S. 66, 78, 83, alle
übrigen Bilder aus dem Archiv der Verfasserin.

ISBN 978-3-7888-1152-5

Inhalt

Vorwort

Es gibt sehr viele Bücher über Hundeaufzucht, deren Erziehung und Ausbildungsmethoden. Der Grund für mich ein Welpenbuch zu schreiben ist der, dass ich den (werdenden) Welpenbesitzern Tipps und Anregungen nach neusten Erkenntnissen an die Hand geben möchte, die sich in der Praxis als ausgesprochen erfolgreich erwiesen haben. Meine Kenntnisse basieren auf meiner jahrelangen Erfahrung als Hundetrainerin mit Welpen und Welpengruppen in meinem Hundezentrum. Des Weiteren habe ich mein Fachwissen kontinuierlich durch Seminare, Workshops und Ausbildungen erweitert. Im Laufe der Jahre lernte ich aus meinen Fehlern in der Kommunikation zwischen Mensch und Hund und suchte nach artgerechteren Möglichkeiten, mit ihnen umzugehen. Die Erfolge ließen nicht lange auf sich warten und meine Motivation, mehr und mehr von der Spezies Hund zu erfahren, wuchs enorm. Es gibt die unterschiedlichsten Erziehungsvarianten, aus meiner Sicht jedoch leider nur wenige, die auf die Struktur des Hundes abgestimmt sind. Meine Erfahrungen mit dieser Trainingsmethode sind hervorragend und viele glückliche Mensch-Hund-Teams bestätigen es. Mit diesem Welpenbuch möchte ich Ihnen das Wissen, das ich mir erworben habe weitergeben, um Ihnen einen optimalen Start im Zusammenleben mit Ihrem Welpen zu ermöglichen, und einen Einblick in meine Erziehungsphilosophie geben. Der Schlüssel für die Eingliederung eines Welpen in die menschliche Umgebung ist der vielfältige und positive Erfahrungsschatz, den der Welpe bis zur ca. 16. Lebenswoche erwerben sollte. Der Welpenbesitzer ist dafür verantwortlich. Er sollte dem

Welpen artgerecht mit viel Sachverstand einen adäquaten Start ins Leben ermöglichen. Erziehung und der richtige Leitfaden für den Welpen garantieren in den meisten Fällen einen gut sozialisierten und wohlerzogenen Hund, der selten Probleme verursacht. Dieser Hund ist dann der ideale Begleiter, der überall mit hingenommen werden kann und der sich recht problemlos auf neue Situationen einstellt. Da die meisten Hunde heutzutage nicht mehr als Wach- oder Hofhunde dienen, sondern vielmehr Familienbegleithunde sein sollen, fehlt es ihnen an Aufgaben und sie können dadurch gelangweilt und / oder frustriert reagieren. Um das zu vermeiden, möchte ich in diesem Buch mehrere Anregungen geben, wie der Welpe und später auch der erwachsene Hund sinnvoll beschäftigt werden kann. Beginnen Sie am besten umgehend mit der Teambildung zwischen Ihnen und Ihrem Hund, der Sozialisierung, der Erziehung und mit einem artgerechten Umgang. Lenken Sie Ihren „Partner mit der kalten Schnauze" direkt vom ersten Tag an, liebevoll, spielerisch, aber konsequent in die von Ihnen gewünschte Richtung. Sie werden hierdurch ein ganzes Hundeleben lang viel Freude mit Ihrem Partner Hund haben.

Lippstadt, im Juli 2007

Petra Quante

Sinnvolle Überlegungen vor der Anschaffung

Ein Hundewelpe erfordert gerade im ersten Jahr viel Zeit und Geduld.
Bevor Sie sich für die Anschaffung eines Welpen entschließen, setzen Sie sich bitte mit folgenden Fragen eingehend auseinander:

- Sind alle Familienmitglieder mit der Anschaffung eines Hundes einverstanden?
- Hat jemand eine Hundehaar-Allergie?
- Welche Kosten kommen auf Sie zu?
- Anschaffungskosten, Tierarzt, Steuern, Haftpflichtversicherung, Futterkosten, Zubehör wie Halsband, Leine, Korb, Box, Anschnallgurt oder Hundeschutzgitter im Kfz, Näpfe und Spielzeug.
- Wohnen Sie in einem Miethaus? Ist hier Hundehaltung erlaubt?
- Ist genügend Platz für den Hund vorhanden?
- Haben Sie einen Garten oder können Sie schnell zu Fuß ins Grüne gelangen?
- Ist die eigene körperliche Fitness für Ihren Welpen gegeben?
- Bedenken Sie auch Ihre künftigen Urlaubspläne.
- Haben Sie eine geeignete Aufsichtsperson bei eigener Abwesenheit?
- Mindestens ein Familienmitglied sollte in den ersten Wochen nahezu immer für den Welpen präsent sein.

Kriterien zur Auswahl der Rasse

Wenn Sie Ihren Welpen noch nicht gefunden haben, ist es sinnvoll, sich von einer Fachperson im Hinblick auf die Rasse beraten zu lassen. Fragen Sie z. B. bei Ihrem Tierarzt oder einer qualifizierten Hundeschule nach einer Beratungsmöglichkeit.

Wählen Sie die Rasse entsprechend:

- zu den Anforderungen und späteren Aufgaben, die Sie an Ihren Hund stellen,
- zu Ihren Lebensumständen,
- und zuletzt nach dem Äußeren.
- Bedenken Sie die Größe und Pflege, speziell die Fellpflege des Hundes.

Sicher habe ich Verständnis dafür, dass der Hund auch optisch gefallen muss. Bedenken Sie aber hierbei die lange Zeit von 12 bis 15 Jahren, die Sie mit diesem Hund zusammen leben werden. Suchen Sie daher den bestmöglichen Kompromiss. Haben Sie sich für eine bestimmte Rasse entschieden, empfehle ich Ihnen auch bei der Wahl des Züchters einige Kriterien zu beachten: Nehmen Sie Abstand von Hundehändlern, die mehrere Rassen anbieten und solchen Züchtern, die „professionell" im großem Stil produzieren. Suchen Sie nach einem Züchter, bei dem die Welpen ab dem ersten Lebenstag Familienanschluss haben. Schauen Sie sich das Züchterumfeld möglichst genau an und stellen Sie sicher, dass die Welpen sauber, liebevoll, hell und artgerecht aufwachsen.

Wenn Sie nicht sicher sind, bitten Sie eine hundeerfahrene Person mit Ihnen zum Züchter zu fahren. Ansonsten entscheiden Sie wohlüberlegt nach Ihrem guten Gefühl und Einschätzungsvermögen. Geraten Sie beim Anblick vieler süßer Welpen nicht in die Falle, unüberlegt zu kaufen.

Diese Welpen haben bereits beim Züchter dosiert Kontakt zu Kindern

Da die Prägung des Welpen in den ersten Lebenstagen beginnt, wird bereits beim Züchter maßgeblich das Fundament für einen gut sozialisierten und selbstsicheren Hund gelegt.
Daher legen Sie genauso viel Augenmerk auf die Auswahl des Züchters wie auf die Wahl der Rasse.
(Verweis auf Kapitel: Sozialisierungsphase)

Rüde oder Hündin

Diese Überlegung sollte sehr differenziert diskutiert werden. Viele Hundebesitzer fällen Ihre Entscheidung danach, dass die Hündin zweimal im Jahr läufig wird und der Rüde nicht. Bedenken Sie zudem bitte folgende Kriterien: Im Allgemeinen gelten Hündinnen als leichter lenkbar und sind oftmals anlehnungsbedürftiger als Rüden. Hündinnen können aber eher hormonbedingten Stimmungsschwankungen unterliegen als Rüden. Vor, während und nach der Läufigkeit können Hündinnen verändertes Verhalten zeigen. Einige wirken leidend und sehr anlehnungsbedürftig, andere scheinen eher eine herabgesetzte Frustrationsgrenze zu haben. Viele Hündinnen sind nur geringfügig wesensverändert, wenn von den äußeren Veränderungen wie Blutung und angeschwollener Schnalle abgesehen wird. Hündinnen sind vom Körperbau im Allgemeinen zierlicher. Bei vielen Rüden kann stark wesensverändertes Verhalten auftreten, wenn Hündinnen im Umfeld läufig sind. Einige Rüden beginnen zu streunen, andere heulen, manche fressen nicht mehr oder kratzen an den Türen, sie sind unter Umständen aggressionsbereiter. Andererseits gibt es auch Rüden, die diese Situation souverän meistern.

Beraten Sie sich mit der ganzen Familie, fragen Sie Fachleute und bekannte Hundehalter und entscheiden Sie sich erst, wenn Sie sich sicher sind, ob ein Rüde oder eine Hündin für Ihre Ansprüche ideal erscheint.

Das Aussuchen und die Übernahme des Welpen

Je mehr Sie sich damit beschäftigen, welchen Welpen Sie sich aussuchen und woher Sie diesen bekommen, desto öfter stoßen Sie wahrscheinlich auf Wörter wie Welpentest, Charaktermerkmale, Charaktertests usw. Diese Tests sollen Ihnen Auskunft darüber geben, welche Wesens- und Charaktermerkmale ein Welpe hat.

Gemeinsam mit dem Züchter wird der neue Welpe ausgesucht

Wichtig dabei ist, dass Sie nicht davon ausgehen, die gerade getesteten Merkmale halten ein Hundeleben lang an. Diese Tests geben nur bedingt Auskünfte über die Charakterstruktur der Welpen. Vieles hängt zu dem Zeitpunkt des Tests davon ab, was und wie viel der Welpe erfahren hat. Festgestellte Merkmale können sicher schneller in die bevorzugte Richtung gefördert werden. Ebenso ist es unter adäquater Anleitung einer anerkannten Welpenschule sicher möglich, einen leicht unsicheren Welpen zu mehr Sicherheit zu verhelfen oder einem eher forschen Welpen zu vermitteln, welches Verhalten wann gefällt. Den größten Teil der Erziehung zu einem angenehmen Familienbegleithund mit gewissen Fähigkeiten haben Sie jedoch selbst in der Hand. Deshalb schauen Sie nach den Anlagen und Fähigkeiten Ihres Hundes und nach Ihren eigenen. Suchen Sie nach einem angemessenen Nenner und fördern Sie Ihren Welpen schon früh in die gewünschte Richtung. Eine konsequente und artgerechte Erziehung, individuell abgestimmt auf den Charakter Ihres Welpen, verschafft Ihnen die bestmögliche Basis zur Teambildung mit Ihrem Hund.

Die richtige Wahl ist getroffen

16

Wenn Sie sich einen ruhigen Familienbegleithund wünschen und die Möglichkeit besteht,
dass Sie die Welpen häufiger besuchen können, wählen Sie den Welpen, der Ihnen bei den meisten Besuchen als eher ruhig aufgefallen ist. Suchen Sie für später einen eher aktiven Hund, wählen Sie den Welpen aus, der Ihnen sehr aufgeweckt und temperamentvoll erscheint.
Besprechen Sie Ihre Wünsche genauestens mit dem Züchter, er kennt seine Welpen am besten.
Eine Garantie kann Ihnen jedoch keiner geben. Sie können sich lediglich gut auf den Welpen vorbereiten, um ihn gezielt bis zur 16. Lebenswoche und natürlich auch darüber hinaus zu prägen.

Der Welpe zieht in sein neues Zuhause

Treffen Sie Vorbereitungen für den optimalen Einzug. Gestalten Sie Ihre Wohnung welpensicher. Niedrige Steckdosen sichern Sie z. B. mittels Kindersicherung. Rankende Blumen, Kabel, Schuhe, Dekorationen, Treppenauf- bzw. -abgänge sichern Sie z. B. durch ein Kindergitter. Ihr Garten ist angemessen eingezäunt, ein vorhandener Teich etc. auch. Möglicherweise ist es sinnvoll, die Blumenbeete zu schützen, um den Welpen daran zu hindern, die Beete nach seinem Geschmack umzugestalten. Achten Sie auch darauf, dass er nicht mit giftigen Pflanzen wie z.B. Goldregen in Kontakt kommen kann.

Gestalten Sie Ihre Wohnung welpensicher. Welpen werden zu oft für Taten bestraft, die ihre Besitzer im Vorfeld hätten vermeiden können.

Folgende Ausstattung sollte bereitstehen:

- 2 Näpfe für frisches Wasser und Futter, Halsband, Geschirr und Leine,
- Futter (ein guter Züchter gibt Ihnen für die ersten Tage das gewohnte Futter mit),
- welpenfreundliche Kauartikel und Leckerchen,
- Pflegeutensilien wie Kamm und weiche Bürste,
- geeignetes Welpenspielzeug (Latex-Quietschspielzeug, große Stofftiere, Taue mit Knoten etc.),
- Schlafplatz – ideal wäre eine Flybox / Transportbox, ansonsten eine Decke oder ein Körbchen.

Die Sozialisierungsphase: bis etwa zur 16. Lebenswoche

Die Sozialisierungsphase beinhaltet die Eingliederung eines Individuums in die Gesellschaft. Der Hundewelpe entwickelt in dieser Zeit die Säulen seines Verhaltens und seiner Charakterstruktur. Schon der Züchter sollte seinen Welpen ermöglichen, ihre Umwelt angemessen kennen zu lernen.

Harmonische
Welpenstube

Die Welpen sollen dosiert mit unterschiedlichen Geräuschen, Objekten, verschiedenen Menschen (unterschiedlichen Geschlechts, Erwachsene, Kinder, alte, große, kleine Menschen) in Kontakt kommen. Ab der 8. Lebenswoche bzw. ab dem Erwerb des Welpen sorgen Sie für regelmäßigen Kontakt zu welpenverträglichen Artgenossen. Sie als neuer Welpenbesitzer können schon viel zu einer positiven Entwicklung des Welpen beitragen.
Ermöglichen Sie Ihrem Welpen, viel aufzunehmen und achten Sie unbedingt darauf, Schritt für Schritt vorzugehen. Überfordern Sie den Welpen nicht und überlegen Sie gezielt, mit welchen Situationen, Ereignissen, Kontakten, Geräuschen etc. Sie den Welpen pro Tag konfrontieren

„Hetti`s" Lieblingsspielzeug

möchten. Beobachten Sie bei diesem Training zwingend die Körpersprache Ihres Welpen und stellen Sie sicher, dass er sich wohl fühlt. Gehen Sie in kleinsten Schritten voran. Lassen Sie z. B. durch jemanden den Staubsauger in einem abgelegenen Raum anstellen und spielen Sie in der Zeit mit dem Welpen in einem anderen Raum. Tag für Tag steigern Sie die Anforderungen, bis die Person neben Ihnen und Ihrem Welpen saugen kann, ohne dass dieser das Geschehnis als störend empfindet.

Ich möchte Ihnen noch mal gezielt nahe legen: Ermöglichen Sie Ihrem Welpen viel kennen zu lernen, gehen Sie langsam und geduldig vor. Schützen Sie Ihren Welpen aber vor Übervorteilung und Überforderung.
(Verweis auf das Kapitel Homöostase)

Die Welpen werden mit unterschiedlichen Dingen u. Situationen vertraut gemacht.

Lernverhalten

Der Welpe lernt in jeder Minute seine Wachseins. Ob Sie sich nun direkt mit ihm beschäftigen, oder er für sich die Umwelt auskundschaftet. Er saugt sich wie ein Schwamm voll mit Informationen. Wenn es Ihnen möglich ist, bieten Sie Ihrem Welpen an, viel mit Ihnen zusammen zu erlernen oder zu erfahren. Ermöglichen Sie ihm viele Dinge zu erlernen, die Ihnen später auch noch gefallen. Beispiel: Geben Sie Ihrem Welpen ausschließlich Zuwendung in Form von Blickkontakt,

Betteln wird ignoriert

Ansprache und Körperkontakt, wenn er sich mit seinen vier Pfoten auf dem Boden befindet. Andernfalls könnte der Hund annehmen, dass er durch Anspringen oder „mit der Pfote anstupsen und fordern", Ihre Zuwendung oder die anderer Menschen erhält. Helfen Sie Ihrem Welpen, unerwünschtes

Verhalten zu vermeiden und gestalten Sie Ihren Lebensraum vorübergehend welpensicher. Versuchen Sie, Ihren
Welpen vor folgenschweren Fettnäpfchen zu bewahren
(rankende Blumen auf der
Fensterbank, Glasvitrinen, die
wegen der Dekoration für den
Welpen interessant erscheinen
könnten, herumliegendes Kin-
derspielzeug, etc.). Beziehen
Sie auch Ihre Kinder soweit wie

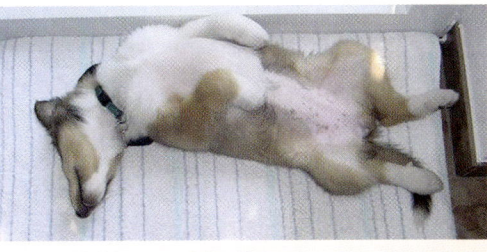

Der Welpe braucht
dringend seine
Ruhephasen

möglich in die Welpenprägung mit ein. Erklären Sie Ihnen,
dass der Welpe in Ruhephasen nicht zu stören ist und er
nicht den ganzen Tag zum Spielen bereit ist. Zeigen Sie
Ihren Kindern, wie der Welpe anzufassen, zu tragen und zu
füttern ist. Geben Sie Ihrem Kind ruhig die Futterration. Es
kann sich damit zum Futternapf begeben und dem Welpen
in kleinen Mengen, nach und nach das Futter in den Napf
geben. Zum Schluss der Mahlzeit geben Sie dem Kind
noch ein besonderes Leckerchen, was es in den Futternapf
legt, um dem Welpen zu vermitteln, dass Kinderhände am
Futternapf durchaus positiv zu bewerten sind.
Besuchen Sie ab der 9. Lebenswoche Ihres Welpen eine
kompetente Welpenschule, die Ihnen Hilfestellung gibt und
dem Welpen die Möglichkeit zur beaufsichtigten Kontakt-
aufnahme mit Artgenossen, sodass er seine Kommu-
nikationsfähigkeiten erweitern kann.

*Der Welpe lernt in jeder Minute seines Wachseins. Achten
Sie darauf, was er lernt und lenken Sie ihn liebevoll in die
von Ihnen gewünschte Richtung.
(Verweis auf Kapitel: „Was soll aus Ihrem Hund werden")*

Sozial- und Selbstsicherheitstraining / Umweltabenteuer

Als Sozialisation wird der Prozess der Eingliederung eines Individuums in die Gesellschaft bezeichnet. Auf den Welpen übertragen bedeutet dies, dass er in seiner Sozialisierungs- phase von der 3. bis zur 16. Lebenswoche die für seinen Lebensraum typischen Situationen, Umfelder, Grenzen und sozialen Spielregeln kennen lernt. Alles, was er jetzt kennen lernt, saugt er auf und gebraucht es sein ganzes Leben lang als Vergleichsmaßstab.

Bedenken Sie: Die Sozialisierungsphase prägt den Welpen für sein ganzes Leben.

Ich möchte Ihnen raten: Machen Sie sich für diese Zeit eine Art Stundenplan.

Es gibt viel zu tun und alles muss gut dosiert, durchdacht und geplant sein. Gehen Sie Schritt für Schritt vor und über- fordern Sie den Welpen nicht, d. h. wenn Sie ihn an Geräusche (Staubsauger, Küchengeräte, Baumaschinen, Klingel, Schlüsselbund etc.) gewöhnen möchten, fangen Sie behutsam an und steigern Sie die Geräuschkulisse erst, wenn Sie ganz sicher sind, dass Ihr Welpe das verarbeiten kann. Beispiel: Stellen Sie Ihre Kaffeemaschine an, während Sie Ihren Welpen ein paar Meter davon entfernt füttern. Ebenso verfahren Sie mit dem Mixer und dem Toaster. Je lauter Ihre Geräte sind, desto größer wählen Sie anfangs den Abstand zum fressenden Welpen.

Wollen Sie trainieren und es ist gerade keine Fütterungszeit, bitten Sie eine andere Person die Geräte zu betätigen, während Sie mit Ihrem Welpen spielen. Sind Sie allein, be- tätigen Sie die Geräte zunächst in einem anderen Raum und beschäftigen sich dann mit dem Welpen. Sie können ihm auch einen Kong (ein Kautschukball mit Hohlraum für Futter = Beschäftigungs-Spielzeug) mit etwas Leberwurst, Hühnchen oder Reis befüllen und geben. Während der Welpe daran kaut, (kauen beruhigt) stellen Sie das Gerät an. Nehmen Sie sich jeden Tag ein anderes Haushaltsgerät vor. Schellen Sie 2- bis 3- mal pro Tag selber an Ihrer Haustür während der Welpe in einem anderen Zimmer umherläuft oder spielt. Geben Sie dem Welpen in diesen Momenten aber keine Aufmerksamkeit in Form von Ansprache, Ansehen oder Worten. Benehmen Sie sich so, als wäre alles alltäglich und normal. Bei allem, was Sie mit Ihrem Welpen üben, fangen Sie mit dem kleinsten Schritt an und steigern ihn langsam der Charakterstruktur Ihres Welpen entsprechend. Denken Sie immer daran, die Erfahrungen sollten für Ihren Welpen durchweg angenehm und positiv sein, sie prägen ihn für das ganze Leben. Lassen Sie Ihren Welpen Erfahrungen mit anderen Menschen machen. Vielleicht laden Sie sich in der 1. und 2. Woche einige Besucher nach Hause ein. Halten Sie die Besucher dazu an, den Welpen so lange nicht zu beachten, bis er gewünschtes Verhalten zeigt. Gewöhnen Sie ihn auf Abstand an Jogger, Walker, Inline-Skater, Fahrradfahrer und Autos. Geben Sie Acht, dass Kontakte mit Kindern immer positiv für den Welpen verlaufen. Instruieren Sie dafür die Kinder auf behutsamen Umgang und schränken Sie die Kontakte zeitlich ein. Erklären Sie Ihren Kindern, dass Rute und Ohren sehr schmerzempfindlich sind und deshalb vorsichtig berührt werden müssen. Ebenso sollten Sie den Kindern erklären, den Welpen nicht in seinen Ruhephasen zu stören und dauerhaft behutsam mit ihm umzugehen. Achten Sie bei allem, was Sie üben auf die Körpersprache Ihres Welpen. Sorgen Sie umgehend für eine Ruhephase,

Der Welpe lernt angemessenes Verhalten bei Begegnungsübungen

wenn Sie bemerken, dass es ihm zu viel sein könnte. Die Erfahrungen mit Artgenossen und anderen Tieren sind sehr wichtig und sollten für Ihren Welpen immer angenehm sein. Fragen Sie daher die anderen Hundebesitzer, ob deren Hunde welpenverträglich sind. Es gibt keinen generellen Welpenschutz. Sind die Hunde welpenverträglich, ist das gut; achten Sie jetzt bitte darauf, dass sich Ihr Welpe im Umgang mit den Hunden wohl fühlt und nicht übervorteilt wird. Unterbrechen Sie ansonsten den Kontakt, schützen Sie ihren Welpen und suchen Sie nach einem geeigneten Spielgefährten.

Gewöhnen Sie den Welpen an die Dusche. Spielen Sie zunächst dort mit ihm und geben Sie ihm einige Leckerchen bevor Sie Wasser einlassen, oder die Brause einstellen.

Begeben Sie sich 2- bis 3- mal täglich ins Auto, geben Sie dem Welpen 2-3 Leckerchen, bleiben 5 Minuten sitzen und steigen mit ihm wieder aus. Üben Sie täglich mit dem Postboten und nehmen Sie Ihren Welpen mit an die Haustür. Bitten Sie den Postboten, Ihrem Welpen 1-2 Lecker-chen zu geben. Gehen Sie bei Lieferanten genauso vor. Stärken Sie die Selbstsicherheit des Welpen, indem Sie über verschiedene Untergründe (Tüten auf dem Boden,

Holzpalette, Styropor etc.) laufen lassen. Öffnen Sie einen Regenschirm und verstecken Sie ein Leckerchen darunter. Gehen Sie morgens früh mit Ihrem Welpen in die Stadt, nur für kurze Zeit. Zeigen Sie ihm auf die Distanz Bahnhöfe, Aufzüge, Cafés etc.

Vorsichtig lernt der
Welpe gezielt seine
Pfoten einzusetzen
und zu balancieren

Dosieren Sie Ihren Stundenplan so, dass Ihr Welpe in der Lage ist, zu verarbeiten was er wahrnimmt, machen Sie nie zu viel.

Der richtige Platz im neuen Rudel

Der für den Welpen richtige Platz im Rudel bzw. Menschenrudel ist in der Rangfolge immer hinter jedem Menschen. Liebevoll und konsequent sollten Sie ihm diesen Platz anbieten und durch vielerlei Verhaltensweisen, Übungen und Korrekturen verdeutlichen. Akzeptiert Ihr Welpe diesen Platz, verleiht ihm das Sicherheit und Ruhe. Die Merkmale für einen hohen Rang im Rudel sind ähnlich derer in einer Menschengruppe. Wer einen hohen Rang bekleidet, darf mehr als die anderen. Der Ranghöchste darf am meisten. Er sucht sich den besten Schlafplatz aus, hat Zugang zu allem wann immer er will. Er frisst zuerst, verhält sich immer vorausschauend, überlegt und souverän. Er lässt sich so gut wie nie zum Spielen auffordern. Wenn er spielen möchte, sucht er sich einen Spielgefährten aus. Er beendet das Spiel. Im Grunde kann man sagen, er agiert und managt, die anderen reagieren. Der Ranghöchste hat aber nicht nur Rechte, sondern auch Pflichten. Die wichtigste und wertvollste ist wohl die Verantwortung für sein Rudel. Er sorgt für ausreichend Nahrung und bietet Schutz. Er würde niemals eine Übervorteilung eines Rudelmitgliedes durch andere zulassen, um die Unversehrtheit des Rudels nicht zu gefährden. Er führt sein Rudel niemals fahrlässig in Gefahr und sorgt so für Sicherheit und Harmonie. Aus diesen Gründen und weil er sich konsequent so verhält, bekommt er natürlich die meiste Aufmerksamkeit und Respekt vom Rudel. Nehmen Sie also die Rechte des Ranghöheren eindeutig in Anspruch. Von Ihnen hängt ab, wann es Futter gibt, wann und wie gespielt wird, wann es Streicheleinheiten gibt, in welche Richtung der Spaziergang geht. Ignorieren Sie Ihren Welpen, wenn er fordert oder Selbstdarstellung betreibt. Loben und belohnen Sie ihn für das Verhalten, welches er auch später als erwachsener Hund zeigen soll. Geben Sie den Trainingsplan vor und belohnen Sie ihn für richtig ausgeführte Übungen. Setzen Sie Ihren Welpen nie Gefahren aus, die Sie selbst nicht sicher einschätzen können (z. B. bei Begegnungen mit fremden Hunden). Schützen Sie ihn vor Übervorteilung (ggf. auch vor den eigenen Kindern). Seien Sie eindeutig, klar und vor allem einschätzbar für Ihren Welpen. Bevor Sie ihn zu Unrecht schelten, fragen Sie sich zunächst selber, ob Sie den Fehler durch kleinere Schritte oder durch bessere Anleitungen hätten vermeiden können. Das ist erfahrungsgemäß häufig der Fall.

Wer fordert wen auf?

32

Charaktereigenschaften und Verhalten wie Souveränität, Selbstsicherheit, Konsequenz, vorausschauendes und sicheres Handeln, Fair Play, Schutz des Rudels und der Blick für die individuell artgerechte Beschäftigung und Freizeitgestaltung lassen Sie zu einem respektierten Rudelleiter werden.

Hausregeln

Machen Sie es Ihrem Welpen von Anfang an leicht. Lehren Sie ihn liebevoll und konsequent erste, für das ganze Hundeleben lang bedeutsame Regeln. Lesen Sie dieses Kapitel mehrmals und lassen Sie sich möglichst nicht durch die Sie treu anschauenden Welpenaugen beirren und erweichen. Beachten Sie ab dem 1. Tag folgende, wichtige Grundregeln:

– Fordern nach Futter
Füttern Sie Ihren Welpen wie im Kapitel **Die Fütterung** beschrieben. Zudem können Sie gerne als Belohnung für angemessenes Verhalten Leckerchen verwenden. Geben Sie Ihrem Welpen keinerlei Zuwendung (Blicke, Ansprache, Berührung) für das Betteln nach Futter. Auch wenn das Betteln bzw. die Bettelversuche von Mal zu Mal herzerweichender werden (mit den Pfoten tapsen, treu ansehen, fiepen, anspringen etc.), beachten Sie es nicht.

– Forderung nach Aufmerksamkeit.
Geben Sie der Forderung nach Aufmerksamkeit und Zuwendung nicht nach. Registrieren Sie lediglich das Bedürfnis Ihres Welpen, aber beachten Sie ihn nicht während er fordert. Hört er auf zu fordern und wendet sich langsam ab, warten Sie noch 2 – 3 Minuten. Jetzt rufen und motivieren Sie Ihren Hund zu sich zu kommen und geben ihm Zuwendung.

– Forderungen nach Spiel.
Bitte verfahren Sie wie unter Punkt 1 und 2.

– Fordern nach gemeinsamen Ruhe- und
  Schlafplätzen.
  Geben Sie bitte nicht nach, wenn der Hund zu Ihnen
  ins Bett oder auf das Sofa möchte. Verfahren Sie
  bitte auch hier, wie unter Punkt 2 beschrieben.

Nehmen Sie nicht an, dass Sie Ihren Hund auf diese Art und
Weise schikanieren. Bedenken Sie bitte, dass Ihr Welpe
sehr schnell lernt und verknüpft. Verbindet er, dass er durch
Forderung jedweder Art sein Ziel schnell erreicht, wiederholt
er diese Handlung unter Umständen ein Hundeleben lang.
Also achten Sie genau darauf, dass Sie agieren und der
Welpe reagiert. Haben Sie Ihren Welpen zu einem gut er-
zogenen und liebevollen erwachsenen Hund erzogen,
können Sie zeitweise einige Regeln lockern. Rufen Sie
z. B. Ihren Hund zu sich auf das Sofa und streicheln ihn,
bitten ihn aber nach einiger Zeit wieder auf seinen Platz.
Er sollte dieser Bitte ohne zu zögern folgen. Denken Sie
immer daran, Sie agieren, der Hund reagiert.

Vorausschauendes Leiten des Welpen ist jetzt besonders
wichtig. Bestätigen und forcieren Sie Verhaltensweisen, die
Sie sich auch beim erwachsenen Hund wünschen. Ignorieren
Sie Verhaltensweisen, die Ihnen nicht gefallen und unter-
brechen Sie inakzeptables Verhalten.
(Verweis auf das Kapitel Sanktionen)

Ausgeglichene Kommunikation und Spiel ist sehr wichtig für das optimale Gedeihen des Welpen

Der Schlafplatz

Ich empfehle Ihnen den Welpen bereits zu Beginn an eine Transportbox, eine so genannte Flybox zu gewöhnen. Gönnen Sie ihm dieses Einzelappartement in Ihrem Zuhause.

Legen Sie eine weiche Decke hinein und dazu ein getragenes Kleidungsstück von Ihnen (z. B. ein T-Shirt). Lassen Sie die Box zunächst immer auf. Verstecken Sie dem Welpen 3- bis 4- mal täglich 1 – 2 tolle Leckerchen (z. B. gekochtes Hühnchenfleisch) in der Box. Lassen Sie den Welpen danach suchen. Da Ihr Welpe zunächst 3- bis 5- mal täglich gefüttert wird, verlegen Sie 3 Mahlzeiten in die Transportbox, um ihn möglichst angenehm an sein Appartement zu gewöhnen. Auch das tägliche Spielen können Sie zum Teil in die Transportbox verlegen. Kauartikel etc. erhält der Welpe ebenso dort. Danach versuchen Sie in kleinen Schritten die Tür der Box für kurze Zeit zu schließen. Wählen Sie hierfür die Momente, in denen der Welpe in seinem Appartement mit Futter- oder Kauartikeln beschäftigt ist. Gehen Sie zunächst nur wenige Schritte im Zimmer auf und ab und öffnen Sie die Box in jedem Fall noch, bevor der Welpe seine Beschäftigung beendet hat. Warten Sie mit dem Öffnen der Box nicht so lange, bis Ihr Welpe unruhig wird und rebelliert. Würden Sie zu diesem Zeitpunkt die Tür öffnen, hätte er gelernt, dass er für rebellierendes Verhalten belohnt wird und er dadurch sein Ziel erreicht. Nehmen Sie den Welpen und sein Appartement nachts mit ins Schlafzimmer. Schließen Sie nun die Tür der Transportbox und legen Sie sich schlafen. Es besteht jetzt die Möglichkeit, dass Ihr Welpe etwas unruhig wird, winselt oder vielleicht bellt. Ignorieren Sie dieses Verhalten, d. h.

Sie schauen nicht nach ihm, sprechen nicht mit ihm und fassen ihn nicht an. Nach kurzer Zeit wird er sich beruhigen, zur Ruhe legen und schlafen. Wenn Sie dann nach ca. 2 – 4 Stunden das nächste Mal etwas von ihm hören, warten sie kurz, bis eine ruhige Phase (ohne Winseln und Bellen) eintritt, öffnen Sie in diesem Moment die Tür und tragen Sie ihn raus damit er sich lösen kann.

Dadurch dass Sie ihn in der ersten Zeit tragen, verhindern Sie, dass der Welpe sein Geschäft bereits auf dem Weg nach draußen macht. Loben Sie ihn überschwänglich für das Lösen im Grünen und gehen sie wieder schlafen. Nach ca. 2 – 3 Wochen, wenn alles reibungslos klappt und ihr Welpe nachts durchschläft, können Sie ihn samt Transportbox an die eigentliche Schlafstelle gewöhnen. Suchen Sie sich einen möglichst unspektakulären Platz in einem ruhigen Raum, z. B. Büro, oder eine ruhige Ecke im Wohnzimmer aus.

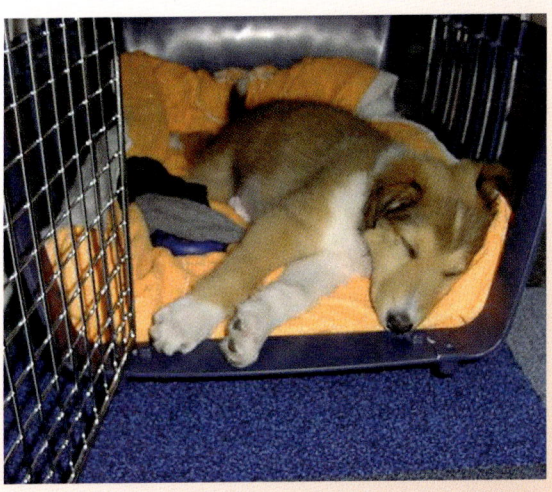

Der Welpe schläft tief in seinem „Appartement"

39

Vorteile der Transportbox:

Der Hund liebt es, in einer Höhle/Box von 3 Seiten gesichert zu ruhen. Sie können ihn und sein gewohntes Appartement überall mit hinnehmen, er fühlt sich wohl (Auto, Hotel, Tierarzt, Urlaub, Camping, Outdoor-Events etc.). Die Transportbox ist leicht zu reinigen – insgesamt wird es sauberer sein.

In der Transport-
box im PKW fühlt
sich der Welpe
sicher

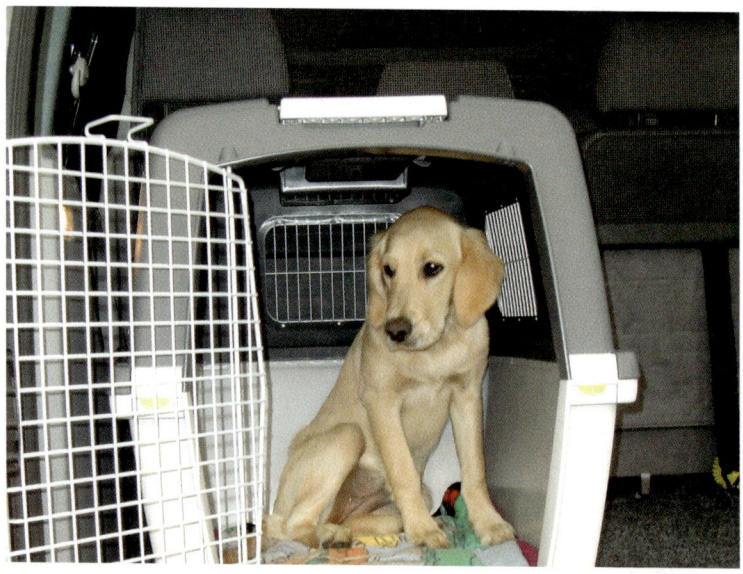

Wenn für Sie die Haltung im Zwinger vorteilhaft erscheint, empfehle ich Ihnen die kombinierte Zwinger- / Haushaltung. Gewöhnen Sie ihren Welpen so liebevoll und umsichtig an den Zwinger wie oben beschrieben an die Transportbox. Lassen Sie Ihren Hund zur Teambildung möglichst viel an Ihrem Familienleben teilhaben, bedenken Sie, dass er ein Rudeltier ist.

Die Fütterung

Ein seriöser Welpenzüchter wird Ihnen genaue Ratschläge zur Fütterung geben. Er teilt Ihnen mit, wie oft und wann der Welpe bisher seine Nahrung bekommen hat und er wird Ihnen eine kleine Futtermenge von dem mitgeben, an das der Welpe schon gewöhnt ist.

Stellen Sie das Futter in den ersten 2 Wochen nicht um. Ihr Welpe unterliegt in dieser Zeit sowieso einer enormen Umstellung und da könnte die Futterumstellung zudem Probleme bereiten. Er könnte mit Magen-Darm-Problemen darauf reagieren.

Ebenso könnte eine Futterumstellung in der ersten Zeit Ihr Stubenreinheitstraining erschweren. Haben Sie keine Anleitung und Futter bei der Übernahme des Welpen erhalten, besprechen Sie diese Thematik mit Ihrem Tierarzt. Für die

„Gemeinsam zu Tisch"

41

weitere Zukunft empfehle ich Ihnen – sofern der Tierarzt keine andere Empfehlung gegeben hat – Ihren erwachsenen Hund 2- mal täglich zu füttern. Teilen Sie die tägliche Futtermenge und bieten Sie es Ihrem Hund morgens und abends nach den Aktivitäten (Training, Spiel, Spaziergang) an. So verringern Sie das Risiko einer Magendrehung. Lassen Sie den gefüllten Futternapf 15 Minuten stehen. Frisst Ihr Hund nicht die gesamte Futtermenge, stellen Sie den Napf weg und bieten Sie ihm das Futter zur nächsten Mahlzeit erneut an. Bemühen Sie sich bitte nicht, Ihrem Hund das Futter durch leckere Zugaben schmackhafter zu machen. Sie würden den Hund so zu einem wählerischen Fresser erziehen und er bekäme möglicherweise nicht alle notwendigen Vitamine und Mineralien in der angemessenen Dosierung, wie es ein gutes Futter beinhaltet. Das Futter selbst wählen Sie bitte nach folgenden Kriterien: Futterverwertung des Hundes, also gute Verträglichkeit, gute Verdauung, guter Allgemeinzustand und Haarkleid etc.. Es gibt viele renommierte und bekannte Futterhersteller. Viele Futtersorten sind gut. Verlassen Sie sich aber nicht nur auf Empfehlungen, sondern stimmen Sie es individuell auf Ihren Hund ab. Fragen Sie nach Proben und schauen Sie dann, welches Futter Ihr Hund gerne frisst und wie er es verträgt.

Zur Fütterung des Welpen/Hundes möchte ich Ihnen noch folgenden Tipp geben:

der Welpe ist 8 – 12 Wochen:	*4 Mahlzeiten*
der Welpe ist 3 – 6 Monate:	*3 Mahlzeiten*
der Junghund ist 7 Monate u. älter:	*2 Mahlzeiten*

Füttern Sie bitte immer erst nach Aktivitäten wie Spaziergängen, Training etc. zur Magendrehungsprophylaxe.

Die Stubenreinheit

Im Grunde ist es recht einfach, den Welpen stubenrein zu bekommen. Die meisten Welpen beschmutzen ihr eigenes Nest nicht. Nun haben Sie die Aufgabe, Ihrem Welpen zu vermitteln, dass Ihre Wohnung ab heute sein Nest ist. Dafür schlage ich vor: Gehen Sie mit Ihrem Welpen in den ersten ca. 14 Tagen mindestens alle 2 Stunden, nachts alle 4 Stunden durch die gleiche Tür nach draußen auf die Wiese. Gehen Sie in jedem Fall nach jeder Fütterung des Welpen, nach dem Spiel und nach den Ruhe- bzw. Schlafphasen. Ihr Welpe wird vielleicht etwas schnuppern, sich ggf. leicht hin und her drehen und sich dann lösen. Jetzt loben Sie Ihren Hund mit freudig hoher Stimme und geben ihm vielleicht noch ein kleines Leckerchen. Versuchen Sie den Welpen zu überzeugen, dass es für ihn durchaus sehr lohnenswert ist, wenn er sich draußen entleert. Passiert hingegen im Haus noch hin und wieder ein kleines Missgeschick, reagieren Sie bitte nicht ärgerlich. Locken Sie den Welpen in ein anderes Zimmer und entfernen Sie in dessen Abwesenheit sein Exkrement. Machen Sie bitte mit dem Stubenreinheitstraining wie beschrieben weiter. Nach kurzer Zeit wird der Welpe stubenrein sein. Drücken Sie Ihren Welpen auf keinen Fall mit der Nase in seine Exkremente. Diese Methode ist veraltet und ich halte das für Tierquälerei. Ich möchte an dieser Stelle noch mal auf das Kapitel **Der Schlafplatz** verweisen.

Trainieren Sie die Stubenreinheit geduldig wie oben beschrieben. Schimpfen Sie nicht mit dem Welpen, wenn ihm mal ein Missgeschick passiert. Es gibt oft Welpen, die etwas Urin verlieren während sie sich z.B. sehr über Besucher freuen. Dieser Moment beinhaltet viel Aufregung und dem Welpen ist es nicht möglich seine Schließmuskeln zusätzlich zu kontrollieren. Diese Problematik löst sich in wenigen Wochen von selbst. Es wäre falsch, den Welpen dafür zu bestrafen. Auch hier gilt: Gutes Verhalten kräftig belohnen und über ein Missgeschick hinweg sehen.

Allein zu Haus

Üben Sie nach 4 - 5 Tagen Eingewöhnungszeit das Alleinbleiben. Wie bei der gesamten Hundeerziehung trainieren Sie in kleinen Schritten. Lassen Sie Ihren Welpen ruhig mal für ganz kurze Momente allein in einem Raum. Gehen Sie, ohne sich von ihm zu verabschieden und betreten Sie das Zimmer, ohne ihn zu begrüßen. Gehen Sie einfach an dem Welpen vorbei und beachten Sie sein aufgeregtes, hektisches, forsch-distanzloses Begrüßungsbenehmen nicht. Denken Sie daran: Zuwendung nur für angemessenes Verhalten. Rufen Sie Ihren Hund zwecks Begrüßung also erst zu sich, wenn sich dieser vorab 1-2 Minuten nach Ihrer Wiederkehr ruhig verhalten hat. Fangen Sie das Alleinsein-Training mit 1 Minute an und steigern Sie es Tag für Tag um 1-2 Minuten. Üben Sie hierfür einmal vormittags und einmal nachmittags. Es soll für Ihren Welpen selbstverständlich werden, dass Sie nach Belieben kommen und gehen, er sich aber dennoch sicher sein kann, dass Sie immer zu ihm zurückkehren. Falls der Welpe in Ihrer Abwesenheit mal etwas anstellt, bestrafen Sie ihn nicht. Er könnte garantiert Ihre Rückkehr mit unangenehmen Gefühlen verknüpfen. Das wiederum kann Angst vor Ihrer Abwesenheit hervorrufen. Sein Stresspegel steigt also enorm während Ihrer Abwesenheit und das könnte wiederum ein unerwünschtes Verhalten zur Folge haben.

Üben Sie in kleinsten Schritten, so dass Ihr Welpe die Trennung gut verkraften kann. Steigern Sie die Zeit langsam aber sicher, dann werden Sie langanhaltenden Erfolg haben.

Zuwendung

Das Wort Zuwendung beinhaltet Blickkontakte, Ansprache und Körperkontakte. Geben Sie Ihrem Welpen die richtige Dosierung an Zuwendung. Das ist leichter gesagt als getan. Zunächst ruhen und schlafen die Welpen viel. In den Wachphasen suchen sie nach Zuwendung, Beschäftigung, erkunden das Umfeld und lernen in jeder Minute.

Körperkontakt stärkt das Vertrauen und die Teambildung

Jetzt sind Sie gefragt und bedenken Sie: Sie agieren, Ihr Welpe soll reagieren. Beginnt der Welpe nach Futter oder Spiel zu betteln, registrieren Sie das, aber ignorieren Sie ihn in diesen Momenten zwingend. *Ignorieren heißt, nicht anschauen, ansprechen oder anfassen.* Drehen Sie sich einfach weg und beachten Sie ihn so lange nicht, bis er Sie in Ruhe lässt. In dieser Zeit überlegen Sie sich aber schon, zu welcher Beschäftigung Sie Ihren Welpen auffordern, nachdem er Sie 2-3 Minuten nicht bedrängt hat. Hierzu einige Anregungen für mögliche Beschäftigungen:

48

- Sie können z. B. einige Futterbrocken an, unter oder auf kleinen Plastikschüsselchen verstecken und mit ihm zusammen das Futter suchen.
- Sie könnten auch etwas Selbstsicherheits- und Geräuschetraining machen.
- Locken Sie Ihren Welpen durch einen Tunnel (Siehe Kapitel Selbstsicherheitstraining). Loben Sie ihn immer herzlich, wenn er solche Meisterleistungen geschafft hat. Ebenso können Sie ihn über eine große Plastiktüte laufen lassen oder hier und da mal mit einem Schlüsselbund rasseln.
- Sie können die Aktivphasen des Welpen nutzen, um ein paar Übungen wie Sitz, Platz und Leinenführigkeit oder Kommen auf Zuruf durchzuführen.

Achten Sie bitte bei allem was Sie machen darauf, den Welpen nicht zu überfordern. Beenden Sie die Beschäftigungsphase mit dem Wort **Schluss** und auf jeden Fall zu einem Zeitpunkt, an dem der Welpe eigentlich noch weitermachen möchte. Ist das Wort **Schluss** gefallen, beenden Sie bitte konsequent die Aktivität mit dem Welpen und lassen Sie sich auf keinen Fall durch die liebevoll schauenden Welpenaugen dazu bewegen, weiterzumachen.

Insgesamt kann man sagen, es gilt das gewünschte Verhalten mit Zuwendung zu forcieren, welches der erwachsene Hund auch in Zukunft zeigen soll. Hierzu einige Beispiele:

- Sie unterhalten sich längere Zeit mit einer Person. Ihr Welpe legt sich im Verlauf des Gesprächs irgendwann neben oder hinter Sie. Jetzt ist der richtige Zeitpunkt, ihm ein kleines Leckerchen zur Belohnung zwischen die Vorderläufe zu legen, wortlos.
- Ihr Welpe geht nach erfolglosen Versuchen, Sie zum Spielen aufzufordern, auf seine Decke und legt sich dort hin. Jetzt warten Sie noch 2-3 Minuten, gehen zu ihm, loben und streicheln ihn.
- Der Welpe meldet sich vor der Terrassentür, um Ihnen anzuzeigen, dass er sich lösen möchte. Loben Sie ihn herzlich dafür und nachdem er sich draußen gelöst hat, bekommt er unmittelbar ein kleines Leckerchen.
- Sie rufen den Hundenamen, der Welpe kommt freudig auf Sie zu. Jetzt loben Sie ihn, streicheln ihn und spielen mit ihm. Konzentriert sich ihr Welpe bei einer Begegnung mit einem anderen Hund mehr auf Sie als auf den Hund, loben Sie ihn herzlich.
- Sie laden den Welpen zum Streicheln ein und er kommt. Loben Sie ihn.

Zuwendung in Form von Blickkontakt, Ansprache oder Körperkontakt gibt es nur für Verhaltensweisen, die Ihnen auch später noch beim erwachsenen Hund gefallen.
Immer unter dem Motto: Sie agieren und der Hund reagiert!

Erlernen der Beißhemmung

Die Beißhemmung bei Hunden ist nicht angeboren, sie muss erlernt werden. Das ist ein sehr wichtiger Punkt, den der Welpe beim Spielen erlernen kann. Er lernt die Beißhemmung im Spiel mit anderen Hunden und natürlich auch im Spiel mit Ihnen. Spielen Welpen und einer beißt den anderen zu heftig, schreit der Gebissene auf und signalisiert, nicht mehr mit dem Beißenden spielen zu wollen. In einer anderen Situation ist es möglich, dass der gebissene Welpe sich direkt umdreht und dem Beißenden durch kräftige Gegenwehr signalisiert, dass dieser zu fest zugebissen hat. So bekommt der fest zubeißende Welpe direkt das Signal des sofortigen Spielabbruchs für sein grobes Verhalten. Beim nächsten Mal bemerkt er, dass bei angemessenem Verhalten das Spiel fortgesetzt wird. Spielen Sie mit Ihrem Welpen und er beißt dabei sanft in Ihre Hände, ist alles in Ordnung. Beißt er zu fest, schreien Sie kurz und laut auf, drehen sich um und beenden das Spiel für diese Spieleinheit. Beginnen Sie erneut ein Spiel nach ca. 10 Minuten oder zu einer anderen Tageszeit.

Was soll aus Ihrem Hund werden?

Sie sollten jetzt schon wissen, wie Sie Ihren Welpen prägen wollen und haben sich hoffentlich auch danach die Hunderasse ausgesucht. Beginnen Sie ab dem 2.-3. Tag in ganz kleinen Schritten Ihren Welpen angemessen zu prägen. Einige Beispiel hierzu:
Soll Ihr Hund zukünftig verstärkt mit der Nase arbeiten, z. B. Fährten suchen, Gegenstände geruchlich unterscheiden etc., beginnen Sie jetzt schon, mit z. B. kleinsten Futterfährten zu üben. Prägen Sie Jagdhunde je nach Rasse und Aufgabenschwerpunkt möglichst frühzeitig, hierzu zählen z.B. Futterschleppen, Beutespiele mit der Reizangel sowie spielerische Wassergewöhnung. Möchten Sie mit dem Hund später Sportarten wie Agility ausüben, bauen Sie sich welpengerechte Miniparcoure. Achten Sie unbedingt darauf, nicht zu viel zu trainieren. Ich halte ein gut geplantes Trainingsprogramm von 3-5 Minuten, 3- bis 5- mal täglich für optimal. In dieser Trainingszeit ist ebenso das Erziehungsgrundprogramm wie Sitz, Platz, Komm auf Zuruf, Leinenführigkeit, Bleib, Körbchen, Decke, Schluss oder Nein, Pfui und Aus enthalten.
Voraussetzung zum Trainieren eines Welpen ist immer dessen Aufmerksamkeit und kleinste, aber besondere Leckerchen sowie der vorab präzise vorbereitete Trainingsplan.

Die meisten Hunde lieben es, wenn ihr Besitzer sie zu einer tollen und artgerechten Beschäftigung motiviert.
Diese Hunde sind oftmals geistig und körperlich ausgelastet und zufrieden. Schauen Sie daher frühzeitig danach, welche Beschäftigung ihrem Hund liegt.

Die angemessene Erziehung des Welpen

Welpen lernen sehr schnell. Sie versuchen irgendetwas und wenn es sich für sie lohnt, wiederholen sie das Verhalten. Probiert der Welpe etwas aus und es lohnt sich für ihn nicht, wird er dieses Verhalten nicht mehr so oft oder wahrscheinlich gar nicht mehr wiederholen.

Kurzhaarhündin „Lotte" ist immer dabei

Hierzu ein Beispiel: Sie sitzen auf einem Stuhl, Ihr Welpe kommt zu Ihnen und krabbelt mit beiden Vorderläufen an Ihren Beinen hoch. Geben Sie ihm jetzt Zuwendung in Form von Blickkontakt, Ansprache oder Körperkontakt, wird er dieses Verhalten, wenn er Zuwendung wünscht, wiederholen und die Basis für einen „an springenden Hund" ist gelegt. Ignorieren Sie das Verhalten und geben ihm keinerlei Zuwendung, wenn er nicht mit 4 Pfoten Bodenkontakt hat. So wird er nicht zum Anspringen tendieren. Geben Sie ihm also viel Zuwendung für Verhalten, das er zukünftig zeigen soll. Legt sich Ihr Welpe ruhig neben Sie, loben Sie ihn und geben ihm Zuwendung. Achten Sie genau darauf, welches Verhalten Sie bestätigen und welches Sie ignorieren. Gestalten Sie schon den 1. Tag mit Ihrem Welpen so, wie die Tage in Zukunft sein sollen. Noch einige Tipps: Wenn Hundewelpen mit treuen Augen um Futter betteln, sind bei dem Besitzer oft die besten Vorsätze außer Kraft gesetzt.

Überlegen Sie sich genau, ob Sie dieses bettelnde Verhalten belohnen oder nicht. Belohnen Sie dieses Verhalten und bestätigen Sie somit den Welpen für sein Betteln mit Futter, besteht die Gefahr, dass er später nicht nur treu vor Ihnen sitzt, um zu betteln, sondern evtl. mit den Pfoten kratzt, sabbert, winselnd oder bellend fordert. Geben Sie Ihrem Welpen lieber mal ein Leckerchen für ruhendes Verhalten, am besten dann, wenn er gar nicht damit rechnet. Hundewelpen suchen häufig nach Beschäftigung, Spiel und Streicheleinheiten.

Vorsicht: Treue Welpenaugen können beste Vorsätze außer Kraft setzen

Seien Sie genau in diesen Situationen aufmerksam und lassen Sie sich nicht vom Welpen zu einer Aktivität auffordern. Denken Sie bitte immer daran, Sie agieren, Ihr Hund sollte reagieren. In diesen Momenten registrieren Sie lediglich, was der Welpe möchte, geben ihm aber keinerlei Zuwendung. Erst, wenn er sich zur Ruhe begibt und zu Fordern aufhört, ergreifen Sie die Initiative und fordern den Welpen zum Spielen auf oder laden ihn zum Schmusen ein. Achten Sie ebenfalls darauf, dass Sie entscheiden, wann die Aktivität beendet ist. Beenden Sie die Aktivität zu einem Zeitpunkt, bevor der Welpe von sich aus inaktiv wird. Einige Welpen wachsen heran und tendieren dazu, Ressourcen wie Sofa, unter dem Tisch liegen oder das Bett zu sammeln. Lassen Sie das nicht durchgehen. Geben Sie dem Welpen einen ruhigen Schlafplatz, wenn möglich, wie im Kapitel **Der Schlafplatz** beschrieben. Je nachdem, was Sie später für einen Hund haben, können Sie ihn gern mal zum Kuscheln auf das Sofa einladen. Wenn Sie aber genug haben und veranlassen den Hund, das Sofa zu verlassen, sollte er ohne zu zögern gehen. Auch hier gilt, Sie laden ihn ein und Sie beenden die Kuschelrunde. Bieten Sie Ihrem Hund Ressourcen dieser Art erst an, wenn Sie ganz sicher sind, dass er die Spielregeln kennt, voll akzeptiert, und Manieren hat.

Vermitteln Sie Ihrem Welpen zuerst das von Ihnen gewünschte Benehmen und die Hausregeln. Akzeptiert Ihr Hund diesen Leitfaden, können Sie ihm Ressourcen anbieten.
Achten Sie aber genau darauf, dass er diese nicht als selbstverständlich ansieht, sondern nur nach Ihrer Aufforderung annimmt.
(Verweis auf das Kapitel: Der richtige Platz im neuen Rudel)

Halsband und Leine

Halsband und Leine sind für Ihren Welpen zunächst ungewohnte Fremdkörper. Gewöhnen Sie ihn vorsichtig daran, ein Halsband zu tragen. Wählen Sie ein weiches und leichtes Halsband aus und ebenso die Leine. Legen Sie Ihrem Welpen das Halsband zunächst nur für kurze Zeit um und sorgen Sie für eine positive Verknüpfung, d. h. füttern Sie den Welpen während er das Halsband trägt oder spielen Sie in der Zeit mit ihm. Langsam steigern Sie die Zeit, aber achten Sie unbedingt darauf, dass sich Ihr Welpe wohl fühlt, während er das Halsband trägt. Während des Spielens leinen Sie den Welpen nun mit der leichten Leine an. Lassen Sie die Leine stets locker und spielen Sie weiter. Nach kurzer Zeit – vielleicht 2 – 3 Minuten – leinen Sie den Welpen wieder ab. Trainieren Sie mit Halsband und Leine 2- bis 3- mal täglich und verlängern Sie langsam die Zeit des Tragens. Versuchen Sie schrittweise und zunächst im eigenen Haus und Garten ein paar Meter an lockerer Leine mit Ihrem Welpen zu gehen.

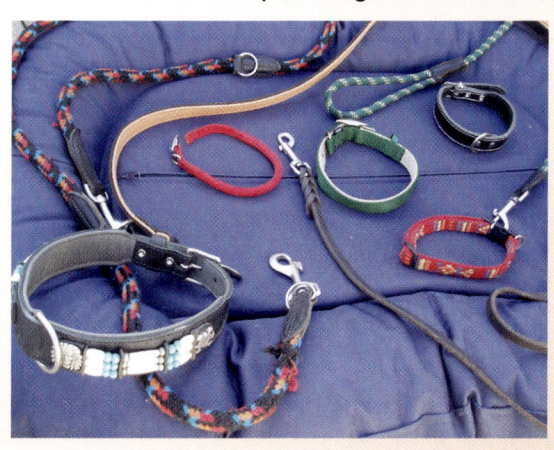

Leinentraining

Für die meisten Hundebesitzer ist es sehr unangenehm, wenn sie mit einem dauerhaft ziehenden Hund spazieren gehen. Die Lust am Spaziergang und der mögliche Erholungswert gehen schnell verloren, wenn der Hund mit Leibeskräften an der Leine zieht, auf den Wegen vom rechten zum linken Grünstreifen wechselt oder im Spurt mit Ihnen im Schlepptau andere Artgenossen begrüßen möchte. Vermeiden Sie von Anfang an die Bildung einer derart unglücklichen Verkettung. Schon während Sie Ihren Welpen an Halsband und Leine gewöhnen, empfehle ich darauf zu achten, dass die Leine stets locker bleibt.
Folgende Erklärungen und Tipps können Ihnen hier hilfreich sein: Ein Hund, der an der Leine zieht, hat u. U. verknüpft, dass er interessante Dinge und Ziele schneller erreicht, wenn er kräftig zieht. Er hat gelernt, je mehr er zieht, desto schneller erreicht er sein Ziel. Die meisten oder viele Besitzer laufen schnell hinterher und lassen sich ziehen, weil auch sie sich an diesen Umstand gewöhnt haben. Einige werden wütend und schimpfen den Hund für dieses

Ein entspannter
Spaziergang

59

Verhalten aus, oder rucken ihn in aller Regelmäßigkeit wieder zurück zu sich. Ich möchte hier auf die empfindliche Halswirbelsäule hinweisen. Fügen Sie Ihrem Hund keinen Schaden zu. Das halte ich für falsch, denn viele Hunde gewöhnen sich daran und Rucken und Schimpfen gehören mit zum täglichen Spaziergang. Viele Hunde tolerieren mit endloser Geduld das insouveräne Verhalten ihrer Besitzer und verknüpfen damit gleichzeitig die positiven Erlebnisse des Spaziergangs. Einige Tipps zum angemessenen Leinentraining: Wenn Sie Ihren Welpen an Halsband und Leine (siehe Kapitel **Halsband und Leine**) gewöhnt haben, beginnen Sie mit dem Leinentraining. Leinentraining erfordert Geduld und konsequentes Vorgehen. Trainieren Sie Leinentraining deshalb mehrmals täglich (3-5 Mal) dafür aber nur in kurzen Sequenzen von 3-5 Minuten. Trainieren Sie die Leinenführigkeit gezielt entlang Mauern, Hecken und Zäunen. Ihr Welpe befindet sich dabei zwischen der Barriere und Ihnen. Leinen Sie Ihren Welpen an und gehen Sie in die von Ihnen gewünschte Richtung. Solange die Leine locker ist, reagieren Sie bitte von Zeit zu Zeit mit einem netten, verbalen Lob. Zieht der Welpe die Leine stramm und möchte irgendetwas erreichen, oder einfach nur schnell davonlaufen, bleiben Sie unverzüglich stehen und reagieren nicht. Warten Sie so lange, bis der Welpe sich in Ihre Richtung bewegt und sich die Leine lockert. Erst dann gehen Sie in die gewünschte Richtung weiter. Ist die Leine jetzt locker, gehen Sie ruhig mal zu dem von Ihrem Welpen gewünschten Ziel. Bringen Sie ihm bei, dass er durchaus sein Ziel erreicht, wenn er sich diesem an lockerer Leine nähert. Vermeiden Sie die Selbstbelohnung Ihres Hundes, die stattfinden würde, wenn er verknüpft, dass Ziehen an der Leine ein schnelleres Erreichen des Zieles bedeutet. Leinentraining braucht Geduld und konsequentes Vorgehen. Trainieren Sie Leinentraining deshalb mehrmals täglich (3- bis 5- mal) dafür aber nur in kurzen Sequenzen von 3 – 5 Minuten. Generell müssen Sie bei allen Übungen beachten, dass Welpen schnell ermüden und nur kurzzeitig konzentrationsfähig sind. Ratsam wäre es, wenn Sie sich zunächst nur kleinere Spaziergänge vornehmen (15 Minuten), Ihr Welpe aber nur für das Leinentraining angeleint ist und die verbleibende Zeit frei läuft. Beim Freilauf achten Sie aber schon unbedingt darauf, dass sich der Welpe nicht zu weit (ca. 8 – 10 Meter) von Ihnen entfernt. Wenn Sie bemerken, dass sich Ihr Welpe zu weit von Ihnen entfernt, verstecken Sie sich z. B. mal hinter einem Baum und loben Sie den Welpen herzlich, wenn er Sie findet. Wechseln Sie ab und zu die Gehrichtung und freuen Sie sich mit Ihrem Welpen, wenn er schnell den Anschluss zu Ihnen sucht. Lehren Sie Ihren Welpen, dass es für Ihn lohnenswert ist, wenn er nach Ihnen schaut und den Anschluss hält. Wechseln Sie die Richtung und bemerken, dass Ihr Welpe aufmerksam ist und Ihnen unverzüglich folgt, rollen Sie ihm ein Leckerchen über den Gehweg in die gewünschte Richtung. Überraschen Sie ihn ruhig mal mit interessanten Spielen und bespicken Sie eine Baumrinde mit 2-3 Leckerchen, die er suchen und fressen darf.

Leinentraining erfordert viel Geduld und Umsetzungs-vermögen. Ich möchte Ihnen nahe legen, geduldig, geplant und konsequent wie oben beschrieben zu üben. Es ist recht leicht, dem Welpen beizubringen, nicht an der Leine zu ziehen. Je älter der Hund wird und je mehr Positiver-fahrungen er beim Leineziehen gemacht hat, desto schwie-riger wird es, ihm ein ordentliches Gehen an der Leine beizubringen.

Das Auflösewort

Das Auflösewort kann beliebig ausgesucht werden. Z. B.
Frei, **Lauf**, **okay** etc.. Es soll dem Hund zusammen mit
einem Handzeichen mitteilen, dass seine Übung beendet ist
und er sich fortbewegen kann. Das Auflösewort löst immer
ein vorangegebenes Kommando ab bzw. auf.
Beispiel: Sie sagen Ihrem Welpen das Kommando „Sitz". Er
setzt sich. Nun warten Sie wenige Sekunden, weil Welpen
sich noch nicht so lange konzentrieren können, sagen jetzt
das Auflösewort und motivieren den Welpen aufzustehen
und sich frei zu bewegen.

Der Welpe wartet im
Kommando „Sitz"
bis er das Auflöse-
wort hört.

Sitz

Nehmen Sie ein Leckerchen zwischen Daumen und Mittelfinger und stellen Sie den Zeigefinger auf. Jetzt halten Sie das Leckerchen ihrem Welpen an die Nase und führen so den Kopf leicht nach hinten. Sie werden feststellen, dass seine Hinterbeine einknicken und jetzt sagen Sie **Sitz**. Erst, wenn das Welpengesäß richtig auf dem Boden sitzt, und genau in dieser Sekunde, geben Sie ihm das Leckerchen zum Fressen frei. Nun sagen Sie das Auflösewort parallel mit dem Handzeichen und Ihr Welpe wird damit wieder aus dem „Sitz" entlassen.

Eindeutige Körpersprache und Handzeichen verknüpft der Welpe schnell mit dem Kommando. Hier „Sitz"

Platz

Sie nehmen erneut ein Leckerchen, diesmal zwischen Daumen und Zeigefinger. Ohne Kommando und Worte locken Sie den Welpen mit dem Leckerchen wie oben beschrieben in die **Sitz**-Position. Sie wollen aber nun **Platz** trainieren. Ihr Welpe sitzt und schnuppert und leckt an dem Leckerchen. Jetzt ziehen Sie das Leckerchen langsam Richtung Fußboden ohne die daran leckende Hundeschnauze zu verlieren. Der Welpe folgt dem Leckerchen. Auf dem Boden angekommen, ziehen Sie es wenige Zentimeter nach vorne weg, wieder ohne die Welpennase am Leckerchen zu verlieren. Nun werden Sie feststellen, dass Ihr Welpe sich legen wird. Jetzt sagen Sie das Wort **Platz** und wenn er komplett mit dem Bauch auf dem Boden liegt, geben Sie ihm das Leckerchen. Noch bevor Ihr Welpe von selbst die Initiative ergreift um aufzustehen, sagen Sie das Auflösewort und entlassen ihn somit aus dem Kommando „Platz".

Die Handinnenfläche mit einer nach unten gerichteten Körperhaltung signalisiert dem Welpen, dass er „Platz" machen soll.

Kommen auf Zuruf

Wenn Sie Ihren Hund später mit seinem Namen rufen wollen, verknüpfen Sie den Namen jetzt schon immer positiv. Gehen Sie ein paar Meter vom Welpen weg, klatschen oder schnalzen Sie einmal, um seine Aufmerksamkeit zu bekommen. Jetzt rufen sie freudig den Hundenamen nur einmal. Kommt Ihr Welpe auf Sie zu, belohnen Sie

ihn mit Spiel oder Leckerchen. Haben Sie gerade zu Beginn immer eine wechselnde Überraschung für Ihren Hund und prägen Sie ihn intensiv darauf, dass ihn für das Zurückkommen zu Ihnen immer ein tolles Erlebnis erwartet. Bitte rufen Sie Ihren Welpen nicht immer nur dann zurück, wenn Sie ihn anleinen möchten. Das Verhältnis sollte ca. 8:2 sein. 8- mal schicken Sie Ihren Hund direkt mit dem Auflösewort in seine Freizeit zurück,

Richtig motiviert kommt der Welpe auf schnellstem Weg und erhält dafür ein Leckerchen.

nur 2- mal leinen Sie ihn an. Gestalten Sie das Anleinen so positiv wie möglich, indem Sie auch hierbei den Welpen freudig loben und mit einem Leckerchen belohnen.

Bleib

Sie machen die Sitz- oder Platzübung und sagen **Bleib** und verlängern die Zeit bis zum Auflösewort. Beim Welpen darf es sich nur um wenige Sekunden handeln. Wenn Ihr Welpe den Anschein macht, keine Sekunde ruhig liegen bleiben zu können, empfehle ich Ihnen folgendes: Sagen Sie „Platz" und legen ihm ein paar schmackhafte Leckerchen zw. die Vorderläufe. Sagen Sie nun „Bleib", bewegen sich auf der Stelle oder etwas vor und zurück und achten auf den Welpen. Lösen Sie ihn mittels Auflösekommando in jedem Fall auf, bevor er das selber entscheidet.

Mit ein oder zwei Leckerchen zwischen den Vorderläufen bleibt der Welpe länger liegen. Der ideale Start für erste „Bleib" - Übungen

Achten Sie immer darauf, was Ihr Hund verarbeiten kann und überfordern Sie ihn nicht.
Der Welpe sollte jede Bleib-Übung 10- mal, zu verschiedenen Zeitpunkten und an mehreren Orten erfolgreich ausüben, bevor sie den Abstand zwischen sich und dem Hund vergrößern und / oder die Übung zeitlich ausdehnen.

Die Bindung zwischen Mensch und
Hund hat erste Priorität

Körbchen / Decke

Begeben Sie sich mit dem Welpen ca. 50 cm vor das Körbchen. Zeigen Sie in die Richtung und sagen Sie das Wort **Körbchen** oder **Decke** und motivieren Sie den Hund ins Körbchen zu gehen. Sobald er hinein gestiegen ist, werfen Sie ihm 1-2 Leckerchen ins Körbchen, loben ihn und sagen dann das Auflösewort.

Schluss / Nein / Pfui

Suchen Sie sich einen der o.g. Begriffe aus. Dieses Wort soll dem Welpen sagen, dass er mit der momentanen Handlung umgehend aufhören soll. Tätigt Ihr Welpe eine Handlung, die Sie nicht möchten, sagen Sie dieses Wort mit entsprechend dunkler Betonung und unterbrechen Sie die Handlung zielsicher. (siehe Kapitel **Sanktionen**) Idealerweise lassen Sie parallel zum **Schluss**-Wort ein Handzeichen (siehe Foto) einfließen.

Eindeutige Worte und Handzeichen signalisieren dem Welpen, dass er sein Tun beenden soll.

Aus

Dieses Wort soll dem Welpen / Hund sagen: Gib mir, was Du im Fang hast! Belohnen Sie den Welpen immer, wenn er Ihnen bereitwillig Gegenstände aus dem Fang gibt, auch wenn es schlimmstenfalls Nachbars Huhn oder Ihr bester Schuh ist. Bieten Sie ihm ggf. ein geeignetes Ersatzspielzeug im Austausch an und stellen Sie sicher, dass Ihr Welpe keine Gelegenheit für das gleiche, ungewollte Verhalten bekommt.

Die Zusammenarbeit mit Frauchen macht Spaß

Neben der Gartenmöbel-Garnitur bekommt Maja ihren Platz. Mit einem Kauartikel und ihrem Lieblingsspielzeug lernt sie diesen Bereich schnell kennen und lieben.

Das Lob und die Belohnung

Es ist sehr entscheidend für Ihren Welpen, gelobt zu werden. Ebenso wichtig ist es, wann und wie belohnt oder gelobt wird. Loben Sie Ihren Hund immer in der Sekunde, wenn er sich gut benimmt oder die Kommandos schnell und richtig befolgt. Beugen Sie sich beim Loben nicht mit dem Oberkörper über den Hund oder klopfen ihm mächtig mit der flachen Hand auf den Brustkorb. Schrubbeln Sie nicht den Kopf zwischen Ihren Händen hin und her oder drücken ihn, wie Sie es bei einem Menschen tun würden. Das alles ist für Ihren Hund nicht angenehm, wenngleich er es oftmals mit Geduld erträgt, weil er fühlt, Sie meinen es gut. Lob soll auch als angenehmes Lob empfunden werden. Die meisten Hunde finden es sehr angenehm, von ihren Menschen an der körpernahen Seite in kreisenden Bewegungen gestreichelt zu werden. Viele freuen sich über eine hohe, angenehme Stimme ihres Menschen.

Für mich ist das ideale Lob ein Leckerchen im richtigen Moment. Verabreichen Sie Ihrem Hund in dem Moment, in dem er gutes, lobenswertes Verhalten zeigt, ein oder zwei ganz besondere Lecker chen, wird er das Verhalten wiederholen. Denken Sie daran, Hunde machen stets nur selbstbelohnende Handlungen.

Sanktionen

Meiner Meinung nach werden Welpen viel zu häufig für die Unachtsamkeit und Unüberlegtheit ihrer Menschen sanktioniert. Viel sinnvoller ist es, Fehler erst gar nicht entstehen zu lassen. Führen Sie den Welpen erst gar nicht in Versuchung, eine Handlung vorzunehmen, die Ihnen später nicht gefällt. Es ist kaum möglich hier alle Fehlerquellen aufzuführen. Allgemein möchte ich jedoch empfehlen: Machen sie Ihr Umfeld welpensicher und tappen Sie nicht in die Falle, weil Sie wegen des schellenden Telefons ein Stück Bratwurst auf dem Wohnzimmertisch liegen lassen oder Ihre teuersten Schuhe frei zugänglich sind. Sollte Ihr Welpe dennoch hartnäckig etwas Inakzeptables tun, rate ich Ihnen zum Schnauzengriff. Sie sagen das Wort, das für Ihren Welpen bedeutet, dass er damit aufhören soll, z. B. **Schluss**, **Nein** oder **Pfui**. Ignoriert er das, nehmen Sie seine gesamte Schnauze in die Hand, drücken leicht zu und schauen ihm in die Augen. Dann lassen Sie langsam los, um zu sehen, ob die Botschaft nun angekommen ist. Geben Sie ihm nun ein Kommando, was er derzeit sicher ausführt, z. B. „Sitz". Loben Sie ihn für die Ausführung und sagen Sie ihm das Auflösewort, sodass er nun in seine Freizeit entlassen werden kann. Tätigt ihr Welpe direkt nach dem Schnauzengriff das gleiche Fehlverhalten, war die Dosierung zu sanft.

Beachten Sie genau die Reihenfolge: erst das Wort, dann ggf. die Sanktion. So bemerken Sie schon nach kurzer Zeit, dass Ihr Welpe die von Ihnen nicht gewollte Aktivität sofort beendet, wenn er allein das Wort „Schluss o. Nein o. Pfui" hört.

Artgerechte Beschäftigung und Spiele

Nahezu jeder Hund benötigt artgerechte Beschäftigung und Spiele für seine Ausgeglichenheit. Im Folgenden mache ich Ihnen einige Vorschläge dazu. Sie können die Übungen erweitern und eigene Ideen, abgestimmt auf Ihren Hund, einfließen lassen.

Angemessenes Spielen

Zunächst empfehle ich Ihnen, sich einige Teile welpen-
gerechtes Spielzeug zuzulegen, möglichst aus Naturpro-
dukten wie Kautschuk. In jedem Fall achten Sie bitte darauf,
dass die Spielzeuge angemessen groß, ohne Noppen oder
ähnliches sind, sodass der Welpe sie nicht verschlucken
oder sich daran verletzen kann. Es eignen sich auch Seile
mit Knoten sowie Taue, aber bitte machen Sie keine Zerr-
spiele mit Ihrem Welpen, um die empfindlichen Welpen-
zähne nicht zu beschädigen. Welche Spiele eigenen sich
für Welpen?
Ich halte Nasenarbeit, Such- und Geschicklichkeitsspiele
für ideal.

Achten Sie dabei auf folgendes:

*Seien Sie bitte von Anfang an in der agierenden Position
und veranlassen Sie Ihren Welpen zu reagieren. D. h. fordern Sie Ihren Welpen zum Spiel auf und beenden Sie das
Spiel z. B. mit dem Wort „Schluss" dann, wenn Ihr Welpe
eigentlich noch weiterspielen möchte. Kommt Ihr Welpe mit
dem Spielzeug zu Ihnen und versucht Sie zum Spielen zu
motivieren, ignorieren Sie es bitte. Registrieren Sie aber, dass
er spielen möchte. Wenn Ihr Welpe seine Forderung auf-
gibt und weggeht oder sich hinlegt, warten Sie erst noch
1 – 2 Minuten und dann fordern Sie ihn zum Spielen auf.*

Nasenarbeit

Legen Sie für Ihren Welpen in dessen Abwesenheit eine kleine Futterfährte bzw. für Jagdgebrauchshunde auch kurze Wildschleppen. Für die Futterfährten suchen Sie sich einen geeigneten Platz im Haus oder Garten. Wechseln Sie mit der Fährte täglich an einen anderen Ort. Jetzt legen Sie kleine Futterbrocken im Abstand von ca. 20 cm und täglich wachsende Distanzen. Zunächst können Sie mit einer Fährte von 4 – 10 m beginnen. Diese Distanz verlängert sich täglich.

Sie holen nun Ihren Welpen, leinen ihn an, lassen ihn **Sitz** machen (*Verweis auf Kapitel*: *Sitz),* zeigen auf den ersten

Futterbrocken und sagen ihm **Such**! Geben Sie ihm Zeit, er wird sicher alle Futterbrocken finden. Helfen Sie nur dann mit einem erneuten Fingerzeigen und **Such**, wenn er gar nicht weiter weiß. Beachten Sie, dass die Leine stets locker ist und überholen Sie Ihren Welpen beim Suchen nicht. Am Ende der Fährte loben Sie Ihren Hund herzlich, lassen ihn wieder **Sitz** machen, leinen ihn ab und das Suchspiel ist beendet.

Je sicherer Ihr Welpe bei dieser Übung wird, desto mehr können Sie den Schwierigkeitsgrad erhöhen, indem Sie die Futterbrocken weiter auseinander legen, mehrere Kurven in die Fährte einbauen, die Fährte verlängern, die Orte stets wechseln. Achten Sie zwingend darauf, dass die Spielregeln in Ihren Händen bleiben.

Nasenarbeit ist für viele Hunde eine sehr beliebte Beschäftigung. Sie ist art- und triebgerecht, fordert geistige und körperlich Leistung. Sie trägt im Allgemeinen sehr zur Ausgeglichenheit des Hundes bei.

Suchspiele

Suchspiele sind für viele Hunde das ideale Spiel. Mit Begeisterung kommen sie hier art- und triebgerecht auf ihre Kosten. Auch hier ist wieder entscheidend, dass nach Ihren Spielregeln gespielt wird. D. h., Sie beginnen das Spiel, geben die Wegrichtung vor und Sie beenden das Spiel. Kennen Sie die Hütchenspieler in den Großstädten? Diese verstecken eine Kugel unter einem von den 3 Hütchen und die Zuschauer müssen erraten, unter welchem Hütchen sich die Kugel befindet. Ähnlich, aber deutlich einfacher können Sie so ein Spiel für Ihren Welpen gestalten. Nehmen Sie hierfür zunächst eine kleine Plastik-Haushaltsschüssel. Stellen Sie diese mit der Öffnung nach unten auf den Boden. Lassen Sie Ihren Welpen von einer 2. Person in der Entfernung von 5 - 10 m festhalten. Legen Sie jetzt ein Leckerchen für den Welpen sichtbar oben auf die Schüssel und klopfen mit einem Finger motivierend auf die Schüssel. Jetzt rufen Sie den Namen und wirklich nur den Namen des Hundes. Die 2. Person lässt den Welpen genau jetzt los. Er kommt freudig auf Sie zugelaufen, Sie sagen **Such** und er kann das Leckerchen von der Schüssel fressen. Bemerken Sie etwas?

Der Welpe riecht den Futterbrocken unter der Schüssel und sucht nun nach Möglichkeiten ihn zu bekommen

Mit diesem Spiel bereiten Sie nicht nur Ihrem Hund eine Freude, sondern verknüpfen den Namen des Hundes mit einem tollen Spiel und Spass. Wenn diese Übung 5 Mal gut geklappt hat, loben Sie Ihren Welpen und beenden das Spiel mit dem Wort **Schluss**.

Nach einer kleinen Trainingseinheit von 5 Minuten gönnt sich Maja ihr wohlverdientes Nickerchen in der Sonne.

Freilauf auf einer großen Wiese. Der Welpe genießt die Zeit und nutzt sie, um seinen Bedürfnissen nachzugehen: Gerüche aufnehmen, buddeln, scharren, wälzen u.v.m.

Am nächsten Tag können Sie nun den Schwierigkeitsgrad langsam erhöhen. Legen Sie das Leckerchen nun einmal auf den Schüsselrand, immer noch sichtbar für den Welpen. Dann können Sie es zwischen Schüsselrand und Boden verstecken, später ganz unter die Schüssel legen. Jetzt kann Ihr Welpe mal versuchen, sich das Futter zu erarbeiten. Er muss sich ja etwas einfallen lassen, um an den Futterbrocken unter der Schüssel zu kommen. Wenn diese Übung - und Sie sollten pro Tag nicht mehr als 5 „Schüsselübungen" machen – reibungslos klappt, steigern Sie den Schwierigkeitsgrad. Wechseln Sie den Ort, nehmen Sie mehrere Schüsseln, wobei sich wie beim Hütchenspiel nur unter einer Schüssel der Futterbrocken befindet. Verstecken Sie die Schüsseln, ohne dass Ihr Welpe das sieht und lassen Sie ihm mit Ihrer Unterstützung danach suchen. Freuen Sie sich mit ihm, wenn er die richtige Schüssel findet und loben Sie ihn dafür.

Nasenarbeit und Suchspiele sind für viele Hunde ein richtiges Vergnügen. Achten Sie bitte darauf, dass Ihr Welpe immer erfolgreich sucht, d.h. den Futterbrocken findet.

Geschicklichkeitstraining und Selbstsicherheitstraining

Hier können Sie Ihren Ideen freien Lauf lassen. Achten Sie bitte nur darauf, dass Sie den Welpen nicht überfordern und dass er sich nicht verletzt.

- Mikado: Legen Sie mehrere Stangen, z. B. Besenstiele wie ein Mikadospiel kreuz und quer auf den Boden und motivieren Sie Ihren Welpen vorsichtig mittendurch zu gehen. Freuen Sie sich mit Ihm, wenn er diese Hürde vorbildlich gemeistert hat, und geben ihm ein Leckerchen.
- Tunnel: In Kinderspielzeug-Geschäften gibt es kleine Nylon-Tunnel oder Sie nehmen einfach 1 – 2 Stühle und stülpen ein Bettlaken darüber. Motivieren Sie nun Ihren Welpen, ohne Ihn zu schieben oder zu ziehen, durch den Tunnel zu gehen und loben Sie ihn überschwänglich, wenn er diese Meisterleistung vollbracht hat und geben ihm ein Leckerchen.
Motivieren Sie Ihren Welpen, langsam und vorsichtig auf verschiedenen Untergründen zu laufen (Holzpalette, Plastiktüten, Kellerfenstergitter). Belohnen Sie ihn mit einem Leckerchen.
- Wägen Sie mögliche Gefahren im Vorfeld präzise ab, um Verletzungen des Welpen zu vermeiden. Bedenken Sie auch hier immer: Sie agieren, der Welpe reagiert!

Gehen Sie überlegt und vorsichtig vor. Prägen Sie Ihren Welpen zu einem selbstsicheren, unängstlichen Begleiter in jeder Situation.

Eine „Platzübung" auf verschiedenen Untergründen ist förderlich für die souveräne Selbstsicherheit des Welpen

Homöostase – das Gleichgewicht von Körper, Seele und Geist

Homöostase bedeutet Konstanz des sogenannten inneren Milieus des Körpers, ergo Ausgewogenheit von Körper, Seele und Geist. Für Ihren Welpen und seine Entwicklung ist es enorm wichtig, dass Sie ihm in angemessener Dosierung die Möglichkeit zur körperlichen Bewegung, Zuwendung und Zusammengehörigkeitsgefühl für das seelisches Wohlbefinden geben. Bieten Sie ihm kleine Aufgaben, Training und Selbstsicherheitstraining für die geistige Ausgeglichenheit an.

körperliche Auslastung

Die körperliche Auslastung ist natürlich individuell und rassespezifisch unterschiedlich zu dosieren. Mit einem 8 – 10 Wochen alten Welpen empfehle ich Ihnen täglich drei kurze Spaziergänge: zweimal 10 Minuten und einmal max. 15 Minuten. Lassen Sie dem Welpen immer genug Zeit zum Ruhen nach den Spaziergängen. Steigern Sie die Spaziergänge langsam, sodass Sie mit dem erwachsenen Hund zweimal täglich 20 Minuten und einmal ca. 60 Minuten spazieren gehen.

seelische Ausgeglichenheit

Für den kleinen Welpen aber natürlich auch das ganze Hundeleben hindurch, ist es enorm wichtig, angemessen Zuwendung in Form von Ansprache, Streicheleinheiten, das Gefühl von Zugehörigkeit und Aufmerksamkeit zu bekommen. *Fair-Play und Teambildung* sind für den Hund, egal in welchem Alter, von größter Bedeutung. Lesen Sie hierzu noch mal bitte die Kapitel „Zuwendung" und „Der richtige Platz im neuen Rudel".

geistige Anforderungen

Neben den Spaziergängen und der Zuwendung ist es je nach Rasse und Hund individuell sehr wichtig, täglich einige kleine Aufgaben an den Welpen zu stellen. Dies trägt zur geistigen Ausgeglichenheit bei. Hierzu empfehle ich Ihnen: Nehmen Sie sich pro Tag 5 Zeiteinheiten von 3 – 6 Minuten. 3 Zeiteinheiten verplanen Sie für Training, üben Kommandos, Kommen auf Zuruf usw. 2 Zeiteinheiten planen Sie bitte für angemessenes Spiel, Nasenarbeit, Selbstsicherheitstraining etc. ein.

Ein ausgeglichen und entspannter Welpe wächst am chesten zu einem souveränen und selbssicheren Familienbegleithund heran

Die Gesundheit Ihres Welpen

Begeben Sie sich innerhalb weniger Tage nach Erhalt des Welpen in tierärztliche Behandlung. Sorgen Sie in der Tierarztpraxis dafür, dass Ihr Welpe sich wohl fühlt und nicht zu viel Stress ausgesetzt ist. Gehen Sie möglichst zu der Zeit, wenn die Warteräume nicht überfüllt sind. Lassen Sie Ihren Welpen vom Tierarzt untersuchen. Er ist der Ansprechpartner für Fragen rund um die Gesundheit Ihres Hundes. Achten sie immer auf das körperliche Wohlbefinden Ihres Welpen und stellen Sie den jährlichen Impfschutz und die Behandlung gegen Parasiten sowie Darmparasiten sicher.

Auf schnellstem Weg in die Auslaufwiese mit gleich-
altrigen Artgenossen

Die ideale Welpenschule

Es gibt sehr viele Hundeschulen, Hundeplätze, Welpengruppen. Ebenso gibt es gravierende Unterschiede bei
den Erziehungsmethoden, der Qualifikation der Hunde-
ausbilder, dem Aufbau der Übungsstunde. Überprüfen Sie
noch vor Ankunft des Welpen die Hundeschulen und Wel-
pengruppenanbieter, damit Sie annähernd sicher sein
können, dass die ausgesuchte Schule für Sie von Wert
sein wird.
Hierzu möchte ich Ihnen einige Tipps geben:
- sehen Sie sich die Unterrichtsstunden persönlich an
  und achten Sie auf freundliche Ausbildungsmethoden
  für Hund und Mensch.
- versichern Sie sich vorab, dass in der Hundeschule
  die Impfausweise kontrolliert werden und sprechen
  Sie sich mit Ihrem Tierarzt ab, denn Ihr Welpe hat in
  dieser Zeit noch keinen kompletten Impfschutz.
- schauen Sie nach der Sortierung der Welpengruppen,
  sie sollte 8 Welpen nicht überschreiten. Zudem ist es
  sehr wichtig, dass die Welpen von Alter und Größe
  annähernd zueinander passen, damit kein Welpe
  überfordert wird.
- fragen Sie nach Ausbildung und Qualifikation der
  Hundetrainer.
- sind die Hundetrainer in der Lage, individuell auf
  Problematiken und Fragen der Besitzer einzugehen?
  Wenn es freies Spiel für Welpen gibt achten Sie darauf,
  dass die spielende Gruppe durch eine kompetente
  Aufsichtsperson begleitet wird. Überhören Sie Aus-
  sagen wie: „Die machen das schon unter sich aus".

Von einer Welpenschule dieser Art rate ich ab.
Der Unterricht sollte aus Erziehungsübungen, Sozialisation, Selbstsicherheitstraining und theoretischen Informationen für die Besitzer bestehen.

– Achten Sie auf die Fähigkeiten der Trainer im Umgang mit aktiven und temperamentvollen Welpen. Greifen diese schnell nach Sanktionsmitteln oder versuchen sie andere Wege der Stressreduktion?

– der Einsatz von Stachelhalsband oder Kettenwürger zur Führung des Hundes weist auf Inkompetenz hin. Diese sog. "Schmerzvermeidungstechnik" zerstört das Vertrauensverhältnis vom Hund zu seinem Menschen.

– ob direkt in der Nachbarschaft oder einige Kilometer entfernt, informieren Sie sich über die Hundeschulen und trainieren Sie dort, wo Sie sich wohlfühlen. Das ist auch die beste Ausgangsbasis für den Welpen.

Machen Sie bei der Wahl Ihrer Hundeschule keine maßgeblichen Kompromisse. Nehmen Sie lieber ein paar Kilometer mehr in Kauf und bezahlen ggf. etwas höhere Preise. Die erste Zeit ist für Sie und Ihren Welpen die Wichtigste. Besuchen Sie so früh wie möglich (ab der 8 - 9. Lebenswoche) die Welpenschule und bestenfalls schon einige Wochen vor Einzug des Welpen.

Glossar

Überforderung: wird von einem Hund mehr gefordert als er leisten kann, äußert sich das u.U. in folgenden Verhaltensweisen. Ich nenne hier die aus meiner Sicht am häufigsten gezeigten:

- sehr überdrehtes Aktiv-Verhalten;
- wirkt sehr müde und schläfrig;
- schnuppert, trotz enormer Ablenkung viel am Boden;
- hektisches Umherschnappen, dauerhaftes Gebell;
- gähnt häufig oder leckt sich oft über die eigene Nase;
- wirkt ängstlich und / oder zittert am ganzen Körper;
- ein weißer Rand bildet sich auf der Nase;
- die Ohren sind oft nach hinten angelegt, der Körper wirkt devot;

Erkennen Sie bei Ihrem Hund diese Anzeichen oder eine Kombination dieser, bringen Sie ihn umgehend in eine stressfreiere Umgebung/Situation.

Übervorteilung: Der Hund ist ungerecht unterlegen. Er kann sich weder körperlich noch geistig dieser Situation entziehen. Beispiel 1: Ihre Kinder spielen mit dem Welpen und haben sehr viel Spaß. Irgendwann reichen die Kräfte Ihres Welpen nicht mehr aus und er möchte ruhen. Ihre Kinder bemerken das nicht und spielen weiter = der Welpe wird übervorteilt
Beispiel 2: Sie treffen mit Ihrem Welpen einen anderen Hund. Der andere Hund tobt und spielt zu heftig. Ihr Welpe

ist unübersehbar körperlich unterlegen. Schützen Sie Ihren Hund in dieser Situation und beenden Sie umgehend das vermeintliche Spiel.

Beißhemmung: der Welpe hat gelernt, dass beißen einen sofortigen Spielabbruch und Nichtbeachtung zur Folge hat. Es ist nicht belohnend für ihn, also lässt er es.

Selbstdarstellung: der Welpe versucht sich zu präsentieren, um Aufmerksamkeit zu bekommen.

Agility: Gerätesport für Hunde zur körperlichen und geistigen Auslastung. Richtig geschult kann Agility hervorragend zur Teambildung beitragen. Eine tierärztliche Untersuchung und gelenkschonend aufgebaute Hindernisse sollten Voraussetzung sein.

Sich lösen: der Vorgang seine Exkremente auszuscheiden, sein „Geschäft" zu verrichten

Körpersprache: eine qualifizierte Hundeschule kann Ihnen detailliert über die Körpersprache Ihres Welpen Auskunft geben. Es würde den Rahmen dieses Buches sprengen, diese unsagbar vielen Merkmale der hundlichen Körpersprache zu erläutern.

Schlusswort

Ich wünsche Ihnen einen möglichst glücklichen Start mit Ihrem Welpen. Beherzigen Sie die Ratschläge aus diesem Buch konsequent und geben Ihrem Welpen einen für ihn deutlichen Weg vor. Mit fairplay, artgerecht, liebevoll und vor allem konsequent erziehen Sie sich so einen unkomplizierten Familienbegleithund. Werden Sie zu einem unumstößlichen Team mit Ihrem Hund und genießen Sie die vielen treuen, warmherzigen und liebevollen Geschenke von ihm. Bedanken möchte ich mich herzlich bei Petra Daake, meiner besten Freundin und kompetenten Hundetrainerin, für ihre Unterstützung bei der Erstellung dieses Buches. Durch ergiebige Diskussionen und Austausch von Fachwissen und ihren kreativen Fähigkeiten trug sie in großem Maße dazu bei. Ebenso unterstützten mich mein Lebensgefährte Markus Kühlmann, Leiter einer Jagdhundeschule am Möhnesee, meine Trainerin Nicole Vent, meine Schwester Birgit und ihr Lebensgefährte Michael durch sachlich-konstruktive Ratschläge und Überarbeitung des Buches. Vielen Dank dafür. Tausend Dank an meine lieben Trainingsteilnehmer, die mir durch Bereitstellung ihrer Welpenbilder zu diesem schönen Design verhalfen. Danke an die kompetenten Trainerinnen meiner Hundeschule, Nicole Vent, Christina Reinold und Silke Pilk, die es mir zeitlich möglich machten, dieses Buch zu erstellen. Für die vielen Erfahrungen, die ich bei der seriösen Tierschutzorganisation „Animallorca", geleitet von Angelika Henning sammeln durfte, bedanke ich mich. Zuletzt, und dabei hat er den meisten Dank von ganzem

Herzen verdient: mein Rottweiler-Mix „Ben"! Durch ihn lernte ich das meiste über Hundekommunikation, Körpersprache, Rudelverhalten und Teamgeist. Ich wünsche Ihnen, dass Sie genauso viel an liebevollem Feedback von Ihrem Hund erhalten, wie ich es von Ben bekomme. Alles Liebe für Sie und Ihren Hund,

Petra Quante